KOSMOS

Mit Modellplan zum Nachstellen der Finsternis

Dieter B. Herrmann

Roter Mond über Europa

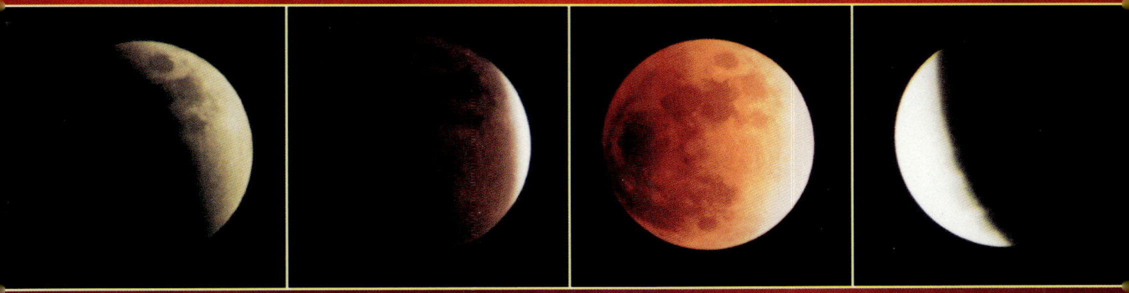

Das Himmelsereignis: die totale Mondfinsternis

Das Himmelsereignis zur Zeitenwende: Totale Mondfinsternis 21. Januar 2000

Die Mondfinsternis

Was ist eine Mondfinsternis?

Eine Mondfinsternis entsteht, wenn der Mond bei seinem Umlauf um die Erde in den Erdschatten gelangt. Dazu müssen Sonne, Erde und Mond etwa eine Linie bilden. Der Mond befindet sich dann von der Erde aus gesehen auf der gegenüberliegenden Seite der Sonne (Vollmond). Im Fall einer Mondfinsternis muß er sich zudem noch unweit des Schnittpunktes seiner Bahn mit der Erdbahn befinden, denn die Bahn des Mondes ist gegen die Erdbahn um rund 5 Grad geneigt. Dadurch bewegt sich der Mond meist oberhalb oder unterhalb des Erdschattens vorbei. Die Erde wirft auf der sonnenabgewandten Seite einen Kern- und einen Halbschatten. Bewegt sich der Mond lediglich durch den Halbschatten, tritt dann keine merkliche Verfinsterung ein. Berührt der Mond das Kernschattengebiet nur teilweise, beobachten wir eine partielle Mondfinsternis. Taucht der Mond jedoch vollständig in den Kernschatten ein, kommt es zu einer totalen Mondfinsternis.

Was passiert bei einer totalen Mondfinsternis?

EINTRITT IN DEN KERNSCHATTEN

Der sichtbare Teil einer totalen Mondfinsternis beginnt mit dem Eintritt des Mondes in den Kernschatten. Von diesem Augenblick an bewegt sich der Mond immer weiter in den Kernschatten hinein, und die Fläche des verfinsterten Teils des Mondes nimmt zu.

BEGINN DER TOTALITÄT

Ist der Mond vollständig in den Kernschatten eingetreten, hat die totale Verfinsterung begonnen. Wir erblicken eine tief rote Mondscheibe, deren „Dunkelheit" von der Position des Mondes im Kernschatten abhängt.

ENDE DER TOTALEN VERFINSTERUNG

Das Ende der Totalität ist erreicht, wenn der Mond den Kernschatten wieder verläßt.

AUSTRITT AUS DEM KERNSCHATTEN

Nach dem Ende der totalen Verfinsterung erscheinen immer größere Teile der Mondfläche wieder strahlend hell. Mit dem Austritt aus dem Kernschatten endet die Mondfinsternis.

Eine totale Mondfinsternis vom Mond aus gesehen

Würden wir uns während einer totalen Mondfinsternis auf der erdzugewandten Seite des Mondes befinden, könnten wir eine totale Sonnenfinsternis beobachten: Die Erdscheibe bedeckt nach und nach die Sonne, bis diese schließlich ganz verschwindet. Allerdings hat die Erde vom Mond aus gesehen den rund dreifachen Durchmesser der Sonnenscheibe. Daher kommt eine „paßgerechte" Bedeckung der Sonne (wie sie bei einer Sonnenfinsternis von der Erde aus zu sehen ist) für Beobachter auf dem Mond nicht zustande. Dennoch dürfte eine durch die Erde hervorgerufene Sonnenfinsternis ein eindrucksvolles Spektakel sein. Die Erde ist während der Totalität von einem strahlend roten Saum umgeben, den die Erdatmosphäre im verfärbten Sonnenlicht bildet.

Warum der Mond rot wird

Während der Totalität erscheint der Mond in einem tief kupferroten Licht. Dies verursachen Sonnenstrahlen, die durch die Erdatmosphäre in das Innere des Kernschattengebiets gelangen. Dabei werden die kurzwelligen (blauen) Anteile des weißen Sonnenlichts weitgehend „verschluckt“. Übrig bleiben die rötlichen Komponenten, wie sie uns von der roten Sonne bei Sonnenauf- und -untergängen bekannt sind.

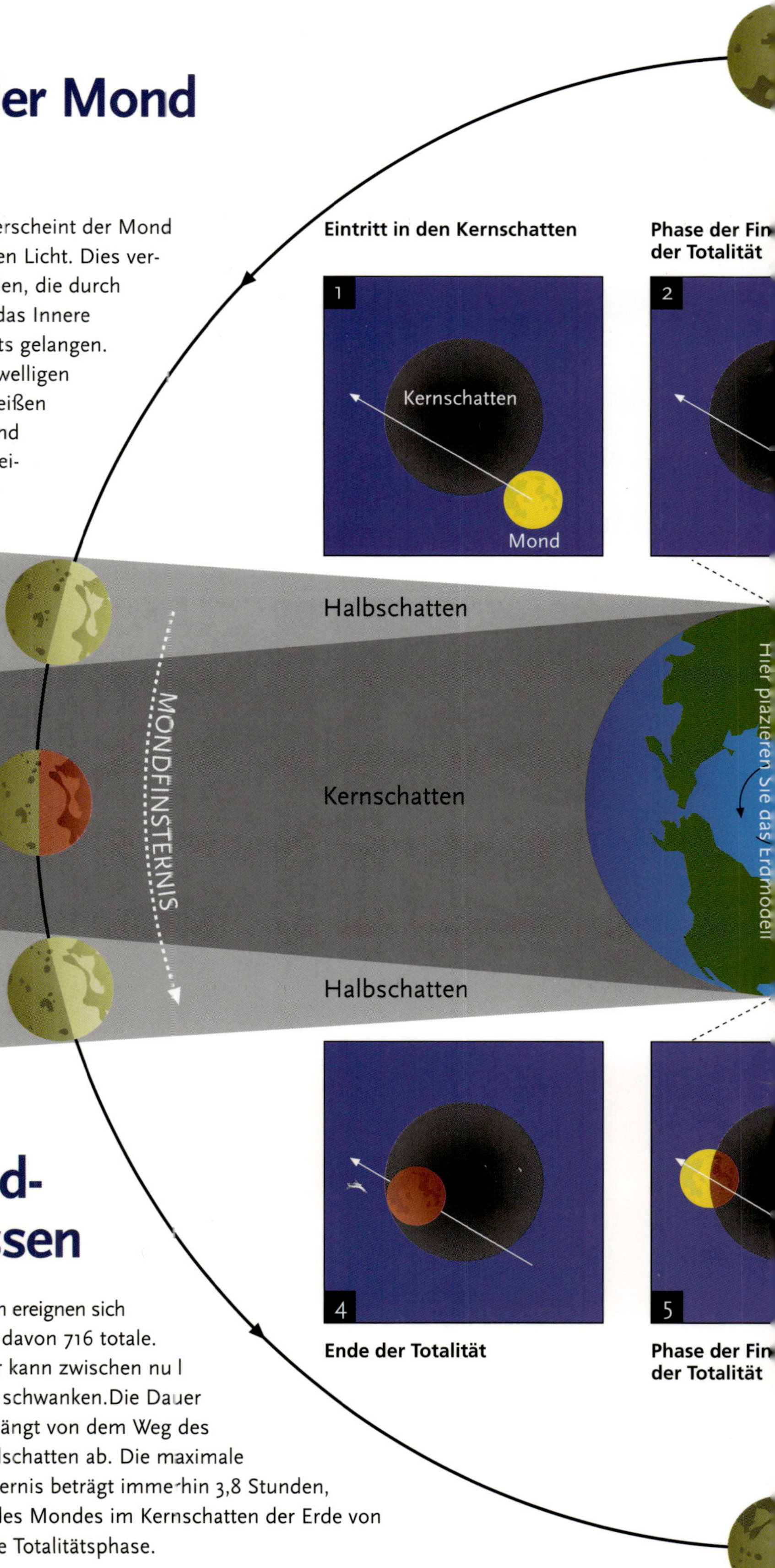

Häufigkeit und Dauer von Mondfinsternissen

Innerhalb tausend Jahren ereignen sich 1543 Mondfinsternisse, davon 716 totale. Die Häufigkeit pro Jahr kann zwischen nu l und drei Finsternissen schwanken.Die Dauer einer Mondfinsternis hängt von dem Weg des Mondes durch den Erdschatten ab. Die maximale Dauer einer Mondfinsternis beträgt immerhin 3,8 Stunden, mit einem Aufenthalt des Mondes im Kernschatten der Erde von 1,7 Stunden. Das ist die Totalitätsphase.

Zukunft oder Science-Fiction?

Städte auf dem Mond?

Nach dem erfolgreichen Abschluß des Apollo-Programms wurde zunehmend über Nachfolgeprojekte diskutiert, die zu ständigen Mondstationen und schließlich auch zu einer möglichen Besiedlung des Mondes durch eine größere Anzahl von Menschen führen sollten. Die zahlreichen schwierigen Probleme an Bord des „Raumschiffs Erde" und die hohen Kosten solch ehrgeiziger Raumfahrtprogramme haben jedoch inzwischen zur Ernüchterung geführt. Dennoch gilt es nicht als ausgeschlossen, daß der Mond wieder zum Ziel astronautischer Unternehmen werden könnte. Dabei wird jedoch zunächst sehr wahrscheinlich eine ständige bemannte Forschungsstation angestrebt werden, auf der sich Astronomen, Physiker und Geologen aufhalten, um sowohl Grundlagenforschung zu betreiben als auch die Möglichkeiten für spätere Besiedlungsprojekte zu studieren. Obwohl alle bedeutenden Raumfahrtorganisationen Konzepte für den Bau bemannter Mondstationen entwickelt haben, dürfte deren Verwirklichung einstweilen Zukunftsmusik bleiben.

Mond-Tourismus?

Vielleicht wird es eines Tages tatsächlich die Möglichkeit geben, seinen Urlaub auf dem Mond zu verbringen und aus der Distanz von knapp 400 000 km auf den heimatlichen Planeten Erde zurück zu blicken. Doch die praktische Umsetzung dieser Pläne dürfte noch lange auf sich warten lassen. Zuvor könnten jedoch andere Möglichkeiten für einen Urlaub im Weltall geschaffen werden, ein mehrtägiger Aufenthalt an Bord eines Weltraum-Hotels etwa, wie unlängst auf einem Symposium für Weltraumreisen vorgestellt. Prognosen ähnlicher Art wurden aber schon des öfteren publiziert. Ob sie sich erfüllen werden, kann nur die Zukunft zeigen.

ISBN: 3-440-07947-3
Illustrationen und Konzeption der Mond-Uhr: Gerhard Weiland, Köln
Fotos: Seite 3: Archiv Hahn; S. 7 (Karussell): Tony Stone, Bilderwelten; S. 7–9: NASA; alle anderen: Archiv Melchert
Layout und Umschlaggestaltung: Atelier Reichert, Stuttgart
Konzeption und Lektorat: Marion Schulz
Printed in Germany / Imprimé en Allemagne
Satz: Hahn Medien, Kornwestheim
Druck: Coloco Spezialdruckerei, Versmold

Wenn der Mond die Sonne verdeckt

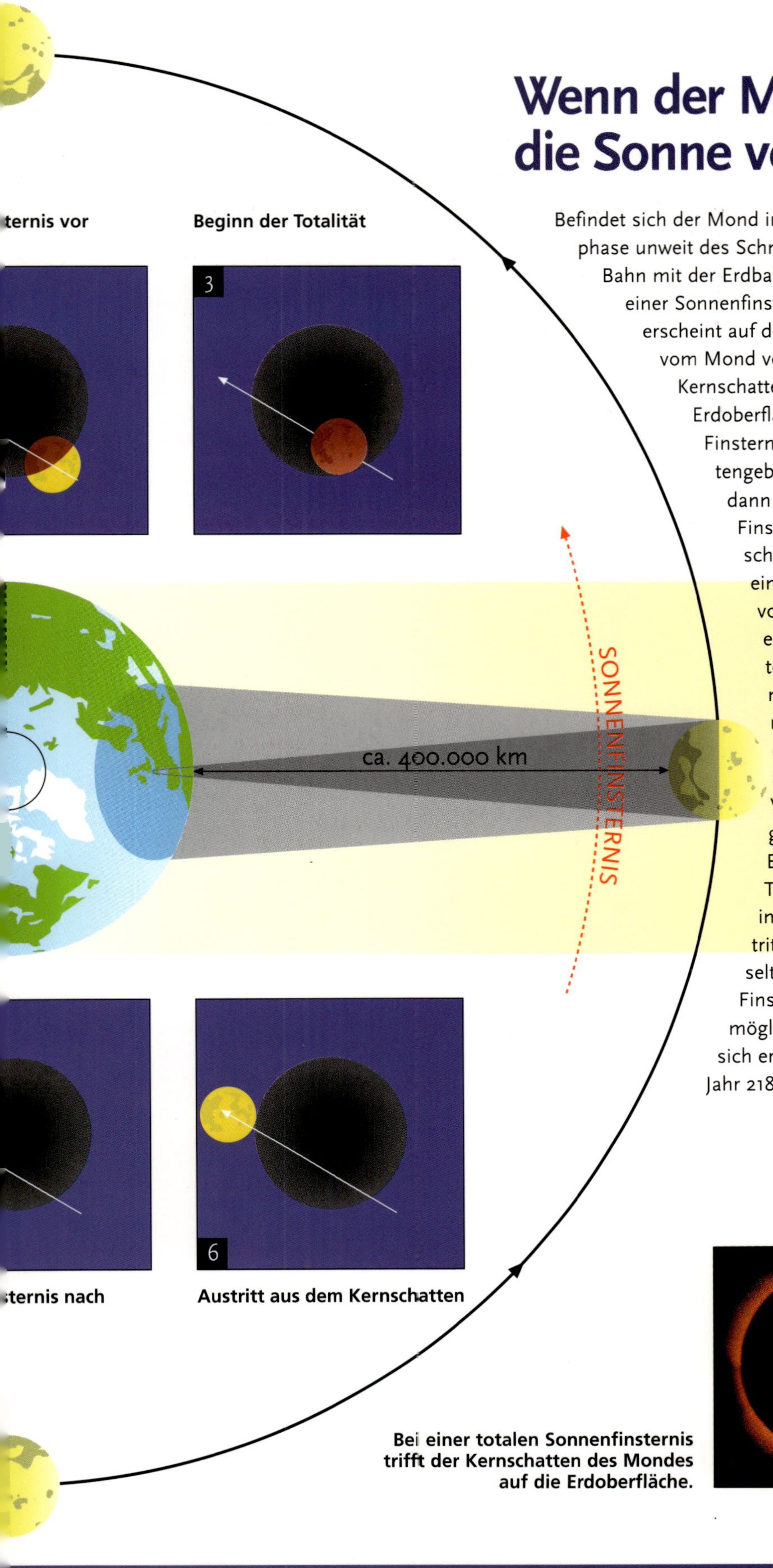

Befindet sich der Mond in seiner Neumondphase unweit des Schnittpunktes seiner Bahn mit der Erdbahn, kommt es zu einer Sonnenfinsternis. Die Sonne erscheint auf der Erde vollständig vom Mond verdeckt, wo der Kernschatten des Mondes die Erdoberfläche trifft (totale Finsternis). Im Halbschattengebiet erleben wir dann eine partielle Finsternis. Da der Kernschatten des Mondes einen Durchmesser von maximal 273 km erreichen kann, sind totale Sonnenfinsternisse nur von einem recht kleinen Gebiet der Erdoberfläche aus zu beobachten. Wegen der Bewegung von Mond und Erde dauert eine Totalität 7,6 Minuten im Höchstfall. Dieser tritt allerdings sehr selten ein. Die nächste Finsternis von höchstmöglicher Dauer wird sich erst am 16. Juli im Jahr 2186 (!) ereignen.

Bei einer totalen Sonnenfinsternis trifft der Kernschatten des Mondes auf die Erdoberfläche.

Spaziergang auf dem Mond

Der Mond ist der einzige außerirdische Himmelskörper, den Menschen bisher betreten haben. Im Zuge des US-amerikanischen Apollo-Unternehmens gelangten zwischen 1968 und 1972 insgesamt zwölf Astronauten auf den Mond.
Die Vorgeschichte der amerikanischen Mondlandungen führt uns in die Zeit des „Kalten Krieges“ zurück, die auch durch einen forcierten Wettlauf auf dem Gebiet der Raumfahrt zwischen der Sowjetunion und den USA gekennzeichnet war. Nach den aufsehenerregenden Erfolgen der „Russen im Weltraum“ – vom Start des ersten Sputnik im Jahr 1957 bis zur Entsendung des ersten Menschen ins All (Juri Gagarin, 1961) – verkündete der amerikanische Präsident John F. Kennedy das USA-Mondlandeprogramm: Noch bis zum Ende der 60er Jahre sollte ein Mensch auf den Mond gebracht und wohlbehalten zurückgeholt werden.

Das damit ausgelöste Apollo-Projekt zählt zu den ehrgeizigsten und anspruchsvollsten wissenschaftlich-technischen Unternehmungen, die bis dahin in Angriff genommen worden waren. Rund 100 000 hoch spezialisierte Mitarbeiter begannen ihre umfangreichen Arbeiten, die teilweise risikoreich waren. So forderte ein Bodentest im Jahre 1967 drei Opfer: Die Astronauten Roger Chaffee, Virgil Grissom und Edward White II verbrannten in der Apollo-Kapsel. Die anderen Vorarbeiten verliefen größtenteils erfolgreich, insbesondere die erste bemannte Aktion, bei der sich drei Astronauten 1968 in die Erdumlaufbahn begaben. Ebenfalls 1968 wurde eine bemannte Apollo-Kapsel in eine Mondumlaufbahn und wieder zur Erde zurückgebracht.
Nachdem die „Generalprobe“ mit Apollo 10 (März 1969) erfolgreich verlaufen war, starteten die Astronauten Neil Armstrong, Edwin Aldrin jun. und Michael Collins an Bord von Apollo 11 am 19. Juli 1969 vor den Augen von Millionen Schaulustiger von Cape Canaveral aus (Florida). Am 20. Juli trennte sich die Landefähre Eagle vom Mutterschiff in der Mondumlaufbahn und setzte weich in einem steinigen Gebiet des Meers der Ruhe auf der Oberfläche des Mondes auf. Um 3 Uhr 56 Minuten Mitteleuropäische Zeit verließ Armstrong die Fähre und betrat als erster Mensch den Mond.
Bis 1972 folgten noch fünf weitere Mannschaften, ehe das Programm beendet wurde. Die Bilanz: Die zwölf Astronauten hatten sich insgesamt 80 Stunden auf dem Mond aufgehalten, 391 kg Mondmaterial eingesammelt, mehrere automatische Meßstationen errichtet und zahlreiche Fotos und Filmaufnahmen angefertigt. Alles in allem brachte das Programm eine reiche wissenschaftliche Ernte. Später wurde aber auch Kritik an den außerordentlich hohen Kosten von rund 25 Milliarden Dollar geübt.
Die Sowjetunion unternahm indessen mehrere unbemannte Mondforschungen, in deren Verlauf u. a. automatische Mondautos (Lunochod) agierten. Bei drei Aktionen (1970, 1972 und 1976) wurden mit automatischen Probenahmen kleinere Mengen Mondmaterial zur Erde geholt.

- Haben Sie die richtigen Okulare? Das Okular mit der kürzeren Brennweite ergibt die stärkere Vergrößerung bei kleinerem Gesichtsfeld. Okulare mit längeren Brennweiten liefern geringere Vergrößerungen, aber größere Gesichtsfelder. Für die Beobachtung von Ausschnitten der Mondoberfläche und zur Verfolgung des Schattenverlaufs ist das kurzbrennweitige Okular anzuwenden.
- Sind die Mondfilter in die Okulare eingeschraubt? Andernfalls ist das Bild des Mondes während der partiellen Phasen der Finsternis, in denen größere Teile der Mondoberfläche noch unverfinstert sind, zu hell.
- Wenn Sie den Mond durch ein astronomisches Fernrohr betrachten, erscheint er gegenüber dem Anblick mit dem bloßen Auge sowohl seitenverkehrt als auch auf den Kopf gestellt (Südpol oben!). In unserer Abbildung wird die umkehrende Wirkung des astronomischen Fernrohrs anhand eines „Phantasie-Sternbildes“ dargestellt. Ein Fernglas hingegen, das normalerweise für irdische Beobachtungen verwendet wird, bildet den Mond so ab, wie ihn auch das „unbewaffnete Auge“ sieht. Bei astronomischen Teleskopen verzichtet man jedoch absichtlich auf zusätzliche Umkehrlinsen, um kein Licht zu verlieren, was besonders bei der Beobachtung schwacher Sterne unerwünscht ist. Wer den Verlauf einer Mondfinsternis im Fernrohr anhand einer Mondkarte verfolgen möchte, muß daher die Umkehrung des Mondbilds beachten!

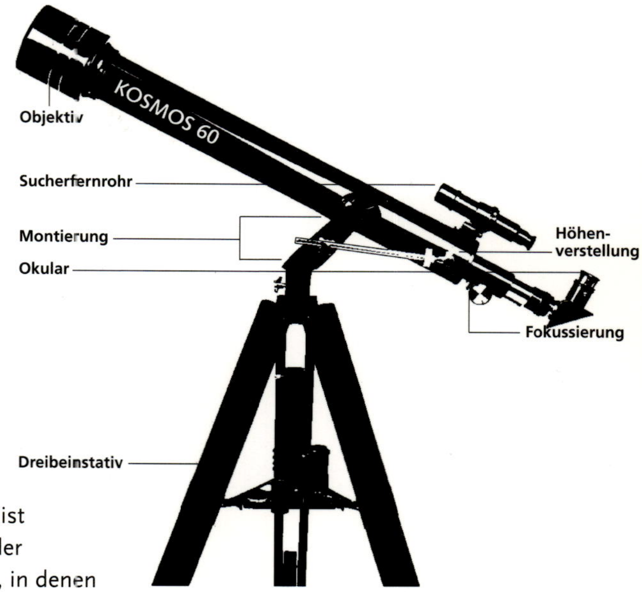

Niemals durch das Teleskop mit ungeschütztem Auge in die Sonne blicken! Es besteht Erblindungsgefahr! Sie benötigen unbedingt Spezialfilter.

Mondfinsternisse fotografieren

Selbstverständlich kann man heutzutage mühelos eine Mondfinsternis fotografisch dokumentieren. Dazu gibt es viele Möglichkeiten. Bei feststehender Kamera läßt sich eine Serienaufnahme herstellen. Der Zeitabstand von Bild zu Bild sollte dann etwa 5 Minuten betragen. Ebenso kann man mit langbrennweitigen Teleobjektiven die verschiedenen Phasen der Finsternis im Bild festhalten.

Angesichts der Vielfalt der angebotenen Emulsionen sollten Sie sich im Fachhandel beraten lassen und dem Grundsatz folgen: probieren geht über studieren. Auch der Austausch mit erfahrenen Astro-Amateuren kann sehr hilfreich sein.

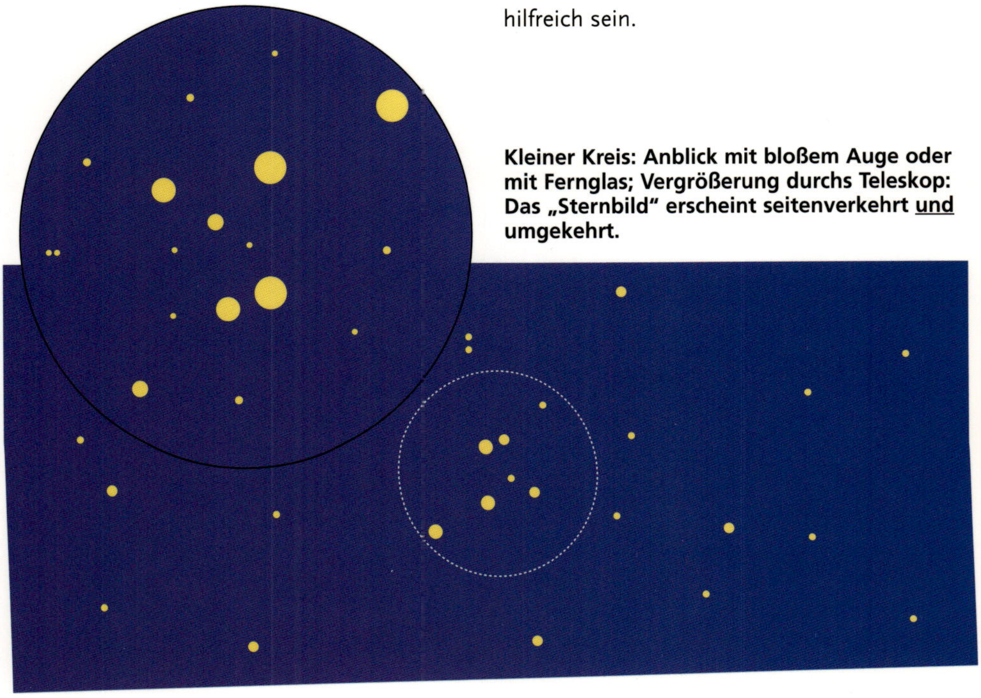

Kleiner Kreis: Anblick mit bloßem Auge oder mit Fernglas; Vergrößerung durchs Teleskop: Das „Sternbild“ erscheint seitenverkehrt und umgekehrt.

SONNENRAND

Hier plazieren Sie die Lichtquelle

SONNENRAND

Der Mond: Facts

Der Mond ist der uns am nächsten stehende Himmelskörper. Seine mittlere Entfernung von der Erde beträgt 384 400 km. Aufgrund der elliptischen Bahn des Mondes um die Erde schwankt sein Abstand zwischen 356 300 km und 406 720 km. Der Mond ist ein (fast) kugelförmiger Körper mit einem Durchmesser von 3480 km. Er ist damit der im Verhältnis zu seinem Planeten größte Mond des Sonnensystems. Er bewegt sich in 27,3 Tagen einmal um die Erde; gleiche Phasen wiederholen sich im Abstand von 29,5 Tagen (Vollmond – Vollmond ...).

Die Masse des Mondes beträgt 1,2% der Erdmasse. Dadurch herrscht an der Mondoberfläche eine geringere Schwerkraft als auf der Erde. Die Dichte ist mit 3,34 g/cm^3 deutlich geringer als die der Erde (5,52 g/cm^3). Der Mond besitzt somit eine andere Zusammensetzung als die Erde.

Die Entstehung des Mondes

Über die Entstehung des Mondes besteht noch keine endgültige Klarheit. Eine gegenwärtig favorisierte Hypothese besagt, daß vor einigen Milliarden Jahren ein riesiger Körper in die Erde einschlug, wodurch flüssiges Material des Erdmantels in den Weltraum geschleudert wurde und sich zum kosmischen Begleiter der Erde formierte. Nach anderen Auffassungen entstanden Erde und Mond gleichzeitig aus kleineren Körpern, den Planetesimalen. Durch die Radioaktivität kam es zum Aufschmelzen des Materials, das sich dann in konzentrischen Schichten anordnete und erkaltete.

1

2

3

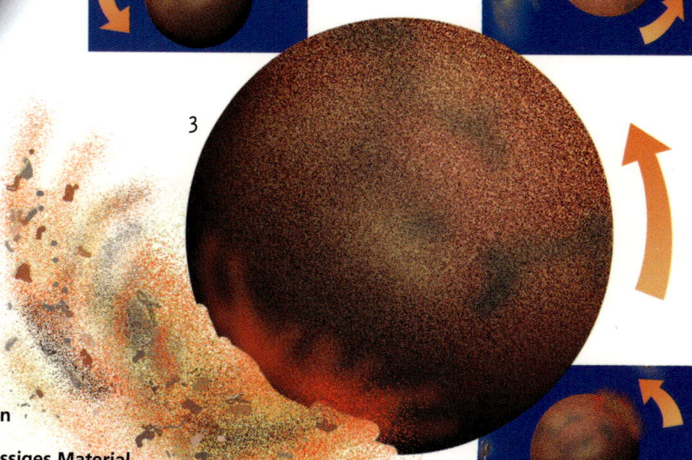

4

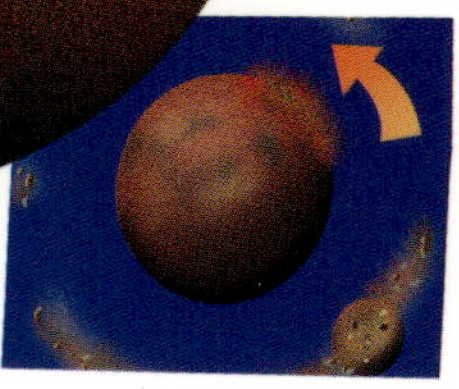

1. **Vor Milliarden von Jahren schlug ein *Himmelskörper in die Erde ein.***
2. **und 3. Dabei wird der Erdkruste flüssiges Material entrissen.**
4. **Das Material wird in eine Umlaufbahn geschleudert, erkaltet dort und bildet allmählich den uns bekannten Mond.**

Warum sehen wir stets nur die gleiche Seite?

Der Mond kehrt uns immer dieselbe Seite zu. Nur dank einer leichten „Kippbewegung“ (Libration) können wir dennoch 59% seiner Oberfläche von der Erde aus sehen. Ursache dieser Beschränkung ist die sogenannte gebundene Rotation des Mondes: Ein Umlauf des Mondes um die Erde dauert ebenso lange wie ein Umlauf des Mondes um seine eigene Achse. Erst mit Hilfe der Raumfahrt ist uns auch die Rückseite des Mondes zugänglich geworden.

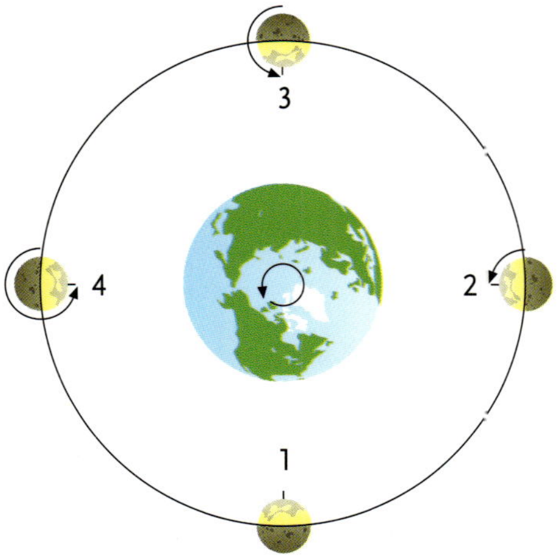

Der Mond bewegt sich in 27,3 Tagen einmal um die Erde, in dieser Zeit dreht er sich einmal um sich selbst.

Warum der Mond nicht auf die Erde fällt

Die Anziehungskraft (Gravitation) der Erde zieht den Mond zu sich hin. Die aus der Bewegung des Mondes folgende Fliehkraft, wie wir sie zum Beispiel auf einem Kettenkarussell zu spüren bekommen, wirkt jedoch in die entgegengesetzte Richtung. Beide Kräfte halten sich die Waage. Deshalb kann unser Mond das Erde-Mond-System weder infolge seiner Fliehkraft verlassen, noch stürzt er infolge der Anziehungskraft auf die Erde.

Staub und Krater – die Mondlandschaft

Bereits mit dem bloßen Auge erkennen wir auf dem Mond ausgedehnte dunkle und helle Gebiete, die „Meere“ (maria) und die „Länder“ (terrae). Bei den Meeren handelt es sich um Tiefebenen, in denen sich erstarrte Lava abgelagert hat. Die „Länder“ hingegen sind Hochebenen. Bei der Betrachtung mit dem Fernrohr erkennen wir zahlreiche Krater und Ringwälle unterschiedlichster Größe. Sie sind durch Einschläge größerer und kleinerer Partikel aus dem interplanetaren Raum (Meteorite) entstanden, denen der Mond wegen des Fehlens einer Atmosphäre schutzlos ausgeliefert ist. Außerdem zeigt uns die Mondoberfläche Gebirgsketten und tiefe Schluchten. Die Bergwelten des Mondes ragen bis zu 10 000 m über den Mondboden empor.

Die Beobachtung

Sie finden den Mond zwar leicht am Himmel, doch um für eine Mondfinsternis den günstigsten Beobachtungsplatz zu bestimmen, sollten Sie die Himmelsrichtungen kennen und außerdem wissen, in welcher Richtung sich der Mond während der Verfinsterung befindet.

Himmelsrichtungen

Wer keinen Kompaß zur Hand hat, kann die Südrichtung (und damit auch die gegenüberliegende Nord- sowie die rechts und links je 90 Grad entfernte West- bzw. Ostrichtung) auf folgende einfache Weise finden:

- Bei Nacht: Suchen Sie die bekannte Figur, „Der Große Wagen", und verlängern Sie dessen Hinterachse um das Fünffache, um so den Polarstern zu finden. Vom Polarstern aus fällen Sie in Gedanken ein Lot in Richtung Horizont – dies ergibt die Nordrichtung.
- Bei Tage: Halten Sie eine Uhr mit Zifferblatt so zum Himmel hin, daß der kleine Zeiger auf die Sonne zeigt. Der halbe Winkel zwischen dem Stundenzeiger und der Zwölf auf dem Zifferblatt zeigt dann etwa Süden an.

DER VORAB-MOND-CHECK

Um die optimalen Beobachtungsbedingungen für die Mondfinsternis sicherzustellen, sollten Sie sich vorher über folgende Fragen klar werden:

- Wann geht der Mond an meinem Beobachtungsort am Tag der Finsternis auf?
- Wie hoch am Himmel und in welcher Himmelsrichtung steht der Mond zur Zeit des Beginns der Finsternis?
- Wie bewegt sich der Mond während der Dauer der Finsternis?
- Habe ich angesichts dieser Umstände den richtigen Beobachtungsort gewählt (keine Sichtbehinderung durch Bäume, nahegelegene Häuser, störende Lichtquellen)?

Mit bloßem Auge und mit Fernglas

Der Reiz des Himmelsschauspiels Mondfinsternis offenbart sich am besten bei der Betrachtung mit dem bloßen Auge. So hat man Gelegenheit, den Verlauf der Wanderung unseres kosmischen Begleiters durch den Erdschatten im Umfeld des Firmaments und als Bestandteil der Landschaft zu verfolgen. Ein Fernglas blendet die Umgebung aus, gestattet dafür jedoch die genauere Verfolgung des Mondlaufs durch den Erdschatten.

Mit dem Teleskop

Das Teleskop ermöglicht es, die Mondkugel bei wesentlich stärkeren Vergrößerungen zu betrachten und das fortschreitende Übergreifen des Erdschattens auf die verschiedenen Mondformationen zu beobachten. Für Amateurastronomen, die genaue Zeiten registrieren möchten, zu denen bestimmte Objekte der Mondoberfläche vom Erdschatten erreicht werden, ist das Teleskop in Verbindung mit einer guten Mondkarte und einer genauen Uhr unentbehrlich.

MONDANSICHTEN IM VERGLEICH

1. Betrachten Sie dieses Bild aus 50 cm Abstand, so haben Sie die Größe des Mondes vor sich, wie er mit dem bloßen Auge am erscheint.

2. Wenn Sie mit dem Fernglas beobachten, erscheint die Mondscheibe zwangsläufig so viel größer, daß Sie Oberflächenmerkmale erkennen können.

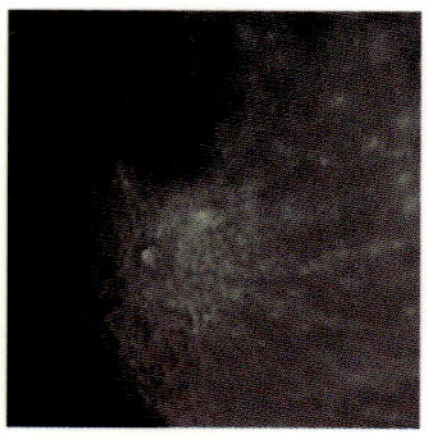

3. Der Blick durchs noch stärker vergrößernde Teleskop zeigt die von Kratern übersäte Oberfläche. Allerdings können Sie nicht mehr die gesamte Scheibe sehen, sondern nur einen Ausschnitt.

DIE FÜNF GOLDENEN TELESKOP-TIPS

- Sollten Sie Ihr Fernrohr nur selten benutzen oder erstmalig in Betrieb nehmen, so empfiehlt sich unbedingt eine „Generalprobe" zusammenzusetzen, den Sucher und das Telskop zu justieren und das Fernrohr somit betriebsfertig zu machen.

Modellbogen

Das Finsternis-Modell

Das Modell (Seite 2/3) ermöglicht es Ihnen, die Entstehung einer Mondfinsternis nachzustellen und aus allen Blickwinkeln zu verfolgen. Dazu brechen Sie Erde- und Mondfigur aus diesem Bogen aus und knicken danach die „Standstreifen“ der Figuren entlang der punktierten Linie so nach hinten, daß Erde und Mond nahezu senkrecht stehen. Dann stellen Sie diese auf die markierten Positionen: die Erde in die Mitte des Mondbahnkreises, den Mond dorthin, wo die Mondbahn durch den Erdschatten zieht.
Sie breiten nun das Leporello aus und halten an dessen rechten Rand eine Lampe etwa in der Höhe der Figuren, um so die Erde zu beleuchten. Wenn Sie jetzt den Mond langsam in Pfeilrichtung entlang seiner Bahn verschieben, können Sie verfolgen, wie der Mond allmählich durch den Erdschatten wandert.
Auf die gleiche Weise können Sie auch eine Sonnenfinsternis nachstellen. Dazu muß der Mond zwischen der Sonne (Lampe) und der Erde stehen (Neumond). Stellen Sie Ihren Mond auf das Mondsymbol, so daß er von der Lampe beleuchtet wird, und schieben Sie ihn in Pfeilrichtung entlang seiner Umlaufbahn. Sie können beobachten, wie der Mondschatten über die Erdoberfläche hinwegzieht.

GRÖSSENVERHÄLTNISSE

Natürlich kann ein solch einfaches Papiermodell von Erde, Mond und Sonne nicht maßstabsgerecht sein, und so stehen lediglich die Durchmesser von Erde und Mond im richtigen Verhältnis zueinander. Wollte man auch den Abstand zwischen Erde und Mond im gleichen Maßstab (1 zu 200 Millionen) wiedergeben, müßten Sie den Mond fast 2 m von der Erde entfernt aufstellen. Für die Sonne im gleichen Maßstab wäre schließlich ein Scheinwerfer von 7 m Durchmesser (!) erforderlich, der dann rund 750 m von Erde und Mond entfernt aufzustellen wäre. Die kosmischen Dimensionen sprengen also nicht nur unsere Vorstellungskraft, sondern beeindrucken noch im Modell durch ihre wahrhaft gigantischen Ausmaße.

DIE KOSMOS MOND-UHR

Aufgrund der komplizierten Mondbewegung kann eine bestimmte Mondphase zu den unterschiedlichsten Uhrzeiten eintreten. Es kann sogar vorkommen, daß die gezeigte Mondphase zu einem bestimmten Datum exakt so nicht eintritt. Auch enthält die Monduhr keine Angaben über die Mondsichtbarkeiten (Angaben zu Auf- und Untergängen entnehmen Sie dem Kosmos Himmelsjahr). Allgemein gilt, daß der Mond mit zunehmender Phase immer später auf- und untergeht. Der zunehmende Mond ist am Abendhimmel zu sehen, der Vollmond die ganze Nacht hindurch. Der abnehmende Mond leuchtet hingegen am Morgenhimmel.

VQ ISBN 3-440-07947-3
9 783440 079478

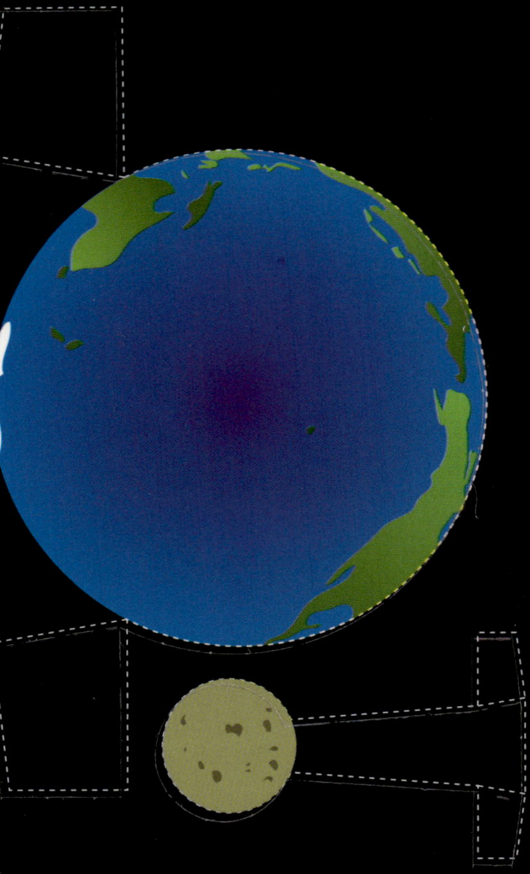

MONDPHASEN

Wegen der Kugelgestalt des Mondes wird ständig nur eine Hälfte von der Sonne beleuchtet. Da sich der Mond jedoch im Laufe eines Monats um die Erde bewegt, blicken wir unter verschiedenen Winkeln auf den Erdtrabanten und sehen jeweils unterschiedliche Teile der beleuchteten Fläche. Dadurch entstehen die Mondphasen. Steht der Mond der Sonne am Himmel genau gegenüber, beobachten wir ihn als Vollmond. Steht er jedoch in Richtung der Sonne, schauen wir auf seine unbeleuchtete Hälfte, und es ist Neumond. Danach nimmt der Mond allmählich zu, nach der Vollmondphase allmählich ab.

IN MITTELEUROPA SICHTBARE MONDFINSTERNISSE 2000 – 2019

Datum	Art	Ei/Uhrzeit	B/Uhrzeit	En/Uhrzeit	A/Uhrzeit	R
21.01.2000	total	04.02	05.05	06.23	07.26	West
09.01.2001	total	19.43	20.50	21.52	23.00	Südost
16.05.2003	total	03.03	04.14	(Ende unbeobachtbar)		Südwest
09.11.2003	total	00.33	02.07	02.31	04.05	Südwest
04.05.2004	total	19.49	20.53	22.13	23.12	Südost
28.10.2004	total	02.15	03.24	04.44	05.54	West
07.09.2006	partiell	19.06	–	–	20.36	Südost
04.03.2007	total	22.30	23.45	00.57	02.11	Süden
21.02.2008	total	02.44	04.02	04.51	06.09	West
16.08.2008	partiell	20.37	–	–	23.44	Südost
31.12.2009	partiell	19.54	–	–	20.52	Ost
21.12.2010	total	07.33	(Totalität unbeobachtbar)			Nordwest
15.06.2011	total	19.24	20.23	22.03	23.03	Süd
10.12.2011	total	13.47	15.08	15.57	17.18	Ost
25.04.2013	partiell	20.57	–	–	21.19	Südost
28.09.2015	total	02.08	03.12	04.23	05.27	Südwest
07.08.2017	partiell	18.24	–	–	20.18	Südost
27.07.2018	total	19.25	20.31	22.14	23.19	Südost
21.01.2019	total	04.35	05.42	06.43	07.51	West
16.07.2019	partiell	21.03	–	–	00.00	Südost

Alle Uhrzeiten sind in MEZ (Mitteleuropäische Zeit) angegeben.

Abkürzungen

- Ei: Eintritt des Mondes in den Kernschatten
- B: Beginn der totalen Verfinsterung
- En: Ende der totalen Verfinsterung
- A: Austritt des Mondes aus dem Kernschatten
- R: Himmelsrichtung, in der sich der Mond zur Mitte der Finsternis befindet